U0052295

A LIFE
WITH
SUCCULENT
PLANTS

A Life
With
Succulent
Plants

HandMade

在11F-2的小花園
玩多肉的365日

**多肉植物組盆示範&
風格雜貨改造DIY** × **日本手作市集&
園藝店踩踏實錄** × **創業歷程甘苦開心談**

Recommendation

無心插柳，開啟生命第二個春天

在我即將結束開了快九年的咖啡店的前幾天，姊姊Claire的書誕生了，我等這本書問市，已經超過10多個年頭……

我比任何人都好奇，會在她心中磨了漫漫歲月的書，會是什麼樣的面貌，是什麼樣的內容？她很神秘不肯告訴我，總說：「等寫出來就知道了。」

小時候，我覺得姊姊是個很會唸書的小孩，她總是躲在自己的書房裡K書，感覺是個書呆子（逃），大學唸植物系、研究所念的是生命科學所，都是和大自然相關的領域，我記得小時候跑去她學校的研究室裡，看她一天下來，對著顯微鏡專心的觀察細胞作紀錄，我屁股坐下沒半小時已經感覺無聊，吵著要去校園散步，要她帶我去清大附近吃黑糖豆花，那是一個需要耐心和耐力的活，就像她現在照顧花草一樣，會邊作紀錄邊看它們的變化，或從一片葉子怎麼變成一盆花，怎麼把多肉組合組得好，還要長得健康，常聽她講根有深淺什麼的，要將適合在一起生長的多肉住在一起，才知道原來不是把肉肉買回來，大夥拼湊在一起就可以了，看了書裡介紹後，我也開始對長得都很像的肉，有初步的認識。

當時姊姊在竹科工作，下班後有一大半的時間都在弄這些花花草草，她的家所有的陽台都種滿植物。有天大半夜，我們聊著有個平台叫新聞台，可以把花草寫在電子報分享給喜歡種花的網友們，或是告訴我們陽台適合種些什麼？該怎麼照顧？「11樓之2的小花園」就這樣誕生了，這一寫10多年也寫出了興趣。任何事都是一樣的，當你專心鑽研一件事，你就可以走出一片天。很多人問說興趣能不能當志業？那時她並沒有出走創業的勇氣，最後怎麼踏出這一步？這一路走來也曾遇到不同阻礙，在書裡無私的將心路歷程分享出來，看姊姊的書，你會覺得原來路可以這樣走，原來人可以活的那麼有力，我們都有機會走出自己的路，只要出發，人生就有故事，是她寫這本書的契機。

　　自從姊姊創業後，發現她的生活變得多元精彩，最大的改變是，她旅行的次數變多了，從她臉書打卡的地點，跳出她人已在東京某家花店，看著文章分享在日本和老師學園藝，我只是好奇，她不會日文，是怎麼和老師溝通的呢？又怎麼會發現這些平時我們不會去的花店呢？看她的臉書分享不過癮，書裡也有規劃一趟花的旅行地圖，帶著我們來到這個美麗又充滿能量的地方，和花草園藝店相遇。

　　終於，我如願的看到這本書的真實樣貌和豐富實用的內容，真好！

黑兔兔

我的多肉創業夢

對一個喜歡花草生活，滿腦子有許多手作點子的人來說，如果能夠開一家花草雜貨店，真的會讓很多人羨慕吧！

我常常對朋友說，我只是比較幸運而已。因為對花草的熱愛，學生時代就閱讀花卉園藝的書籍，不管台灣的、日本的、還是歐美的園藝雜誌，我都會買來收藏，尤其喜歡日本書籍的仔細內容及豐富的圖片。看著看著，不僅變成園藝雜貨控，也把家裡的四個陽臺都當成花園來布置，自己DIY道具並拍照，和小孩假裝在陽臺裡喝下午茶。

當時剛接手一間咖啡館的朋友說：「Claire，妳來幫我們上一堂多肉組盆課好嗎？」又有一間園藝店的老闆說：「Claire，有間公司需要老師去教他們的員工簡單的組盆，你有空嗎？」就這樣，找我上課的單位越來

越多，不知不覺我就成了同學口中的「多肉老師」！

　　現在的我，已經開店5年，最開心的就是一早陪著就讀國中的孩子到學校後，7點不到就可以到〈11樓之2的小花園〉開始一天的工作。雖然是花草雜貨店，然而我的工作內容很豐富，除了多肉植物組盆，還有設計手作課程、園藝雜貨的採買銷售、發想DIY改造……還有最重要的，我希望能提供給剛開始創業的朋友，經驗的分享及創業的平臺。

　　我儘量將這些年來，我在多肉植物組盆的配置及發想，創業過程的甘苦點滴、到日本的多肉植物學習、園藝店及市集的踩踏，一一分享在這本書裡。如果喜歡多肉植物組盆，及想以園藝創業的你們喜歡這本書，就是我莫大的榮幸了！

Claire

CONTENTS

CHAPTER 1

多肉組合

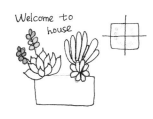

friends are
flowers
that never
fade

A life with
Succulent plants

SET
SY MAKING

CHAPTER 1

多肉組合

是多肉花圈，也是一幅畫

我最喜歡製作多肉花圈，
因為從花圈的底座開始
到多肉植物的搭配，
可以隨心所欲的自由發揮，
而且花圈的優點是很好照顧。
依照多肉植物的顏色及葉形加以組合，
完成的方形多肉花圈好似一幅畫，
畫裡的房子格外清新可愛呢！

● 主要多肉植物
紅豆・桃之嬌・秋麗・月兔耳・蛋白石蓮・尖紅美人・姬朧月・春萌

● 搭配多肉植物
虹之玉・雅樂之舞・紅提燈（選用小苗）

● 點綴多肉植物
白佛甲草・薄雪萬年草

● 材料＆工具

龜殼網（鐵製包覆塑膠）‧花藝鐵絲（#20）‧蘭花水苔‧雜貨裝飾小物（房子）‧鋼剪‧
鉗子‧鑷子

花圈基座製作步驟

① 將市面買來的龜甲網以
銳利的鋼剪，剪成70cm
×12 cm的長方形。

② 將預先以水浸泡過的蘭花水苔擰乾後，鋪在龜殼網上，
像是包海苔壽司卷一般，將之捲成圓柱狀，頭尾各留
2cm不要包水苔（注意結構要緊實，且直徑一致）。

③ 圓柱狀的邊緣也是龜殼網重疊部分，以#20鐵絲固定，
固定方式就像以針線縫合一般，上下穿過重疊的龜殼
網，讓圓柱狀的結構固定。

④ 握起兩端慢慢凹折，直到兩端可以碰在一起時，再以#20
鐵絲穿越銜接的龜殼網，像是縫合一般，將兩端穩穩固
定在一起。

⑤ 調整形狀成為方型的
花圈基座（尺寸大約
16cm×16cm，直徑約
3cm）。

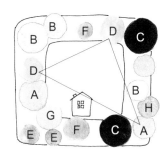

A桃之嬌 B秋麗 C紅豆 D春萌 E姬朧月
F蛋白石蓮 G尖紅美人 H月兔耳

組盆步驟

① 為方便操作，這個作品盡量選用無根，或微根的多肉植物。

② 以鑷子鑽洞，陸續將事先備好的主要多肉植物，以跳色的方式，種入水苔裡。

③ 紅色系的紅豆、姬朧月，種在花圈的四個角，讓方形更明顯。主要多肉之間，可選用虹之玉或雅樂之舞，增加作品活潑性。

④ 將最後點綴用的萬年草，隨意種植於多肉植物的空隙間，除了可以增加作品顏色的豐富度，並運用它們來作最後的方形調整。

⑤ 將作品掛在水泥牆面上，花圈上隨意擺上木頭小屋，這畫面就像是一幅清新的小畫作。畫裡彷彿有山、有森林，還有溫馨的家園！

No.
2

來自海邊花店的藍色小椅子

去鎌倉長谷寺欣賞繡球花時，
回程途中在花店遇到了
這把有些Junk Style的鐵椅子，
顏色剛好是我喜歡的藍！
心想如果在椅子上，
加一個繽紛的多肉植物椅墊，
應該會很有趣吧？

● 主要多肉植物
桃之嬌・秋麗・玫瑰石蓮・蛋白石蓮・姬朧月

● 搭配多肉植物
虹之玉錦・星王子・愛之蔓錦（懸垂）

● 點綴多肉植物
三色葉・圓葉覆輪萬年草・雀利

● 材料＆工具

鐵製椅子（高24cm，寬10cm，深10cm）・龜殼網・蘭花水苔・多肉植物專用土・
鑷子・迷你小草帽

組盆製作

① 將鐵製的龜殼網剪成方形。先鋪上適量的蘭花用水苔。

② 最上方加上適量的多肉植物專用土。以外層的龜殼網
將水苔及土完整包覆起來。

③ 整理形狀，就像包子一樣底部是平面的，上方稍微凸出。

④ 底部以鐵絲將龜殼網接合處綁緊，收口後，狀似椅墊的
基座便完成了。

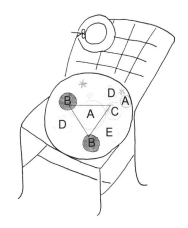

A桃之嬌　B姬朧月　C秋麗　D玫瑰石蓮　E蛋白石蓮
＊虹之玉・虹之玉錦

組盆步驟

1 為方便操作，這個作品儘量選用無根的1吋多肉，莖長度約1.5至2cm。

2 運用井字形構圖，在圓形的水草基座找出左下的井字形交叉點，以鑷子鑽出一個洞，將桃之嬌種入後，莖的莖部周圍以水草塞緊。

3 陸續種入姬朧月，虹之玉錦等顏色不同的主要多肉品種。

4 點綴用的植株品種，隨意種植於多肉植物的空隙間，可以增加作品顏色的豐富度。依步驟3概念將整個水草基座種滿多肉植株。

5 選取愛之蔓錦，將根部小心種入水草深處，讓上端枝葉隨意繞在作品上，加以裝飾。

6 以迷你小草帽裝飾在椅子的一端，讓整個作品更有故事性。

期待夢想起飛的一刻（多肉植物熱氣球）

第一次搭熱氣球，
是某年夏天我帶著媽媽和孩子
去北海道旅行的時候。
那天的天空很藍，
搭著熱氣球緩緩升空，
心情也跟著一起飛揚！
這趟旅行見到了美麗的薰衣草，
也開啟了日後我開店的夢想！

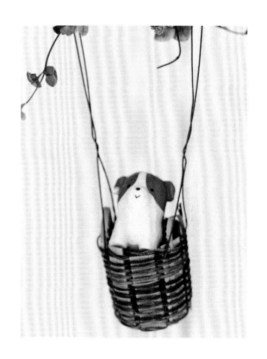

◉ 主要多肉植物
春萌・桃之嬌・乙女心・紐倫堡珍珠・玫瑰石蓮・姬秋麗

◉ 搭配多肉植物
玉綴・小水刀・愛之蔓錦

◉ 點綴多肉植物
三色葉・松葉景天・白佛甲草・圓葉覆輪萬年草

● 材料＆工具

3吋塑膠花盆（日本採買的綠色花盆）·花藝鐵絲（#20·#22）·蘭花水苔·
多肉植物專用土·小藤籃·雜貨裝飾動物·鑽子·剪刀·鏟子·鑷子

組盆的基座

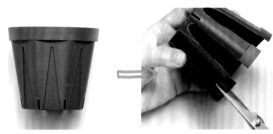

1 花盆上緣平均分成八等分，以銳利剪刀，從盆子上緣
往盆底，剪出寬約0.8cm的長方形凹洞，盆底請保留約
0.5cm的高度，不用剪到底。

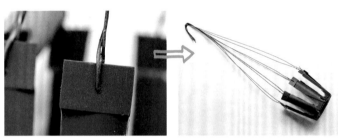

2 留有塑膠盆的部分，以鑽子鑽洞（共8個洞）後，穿上鐵
線（也可以鋁線替換）。鐵線上端纏緊後，作成掛勾讓
作品可以懸掛著即完成。

3 盆子底部鋪上一層水苔，
組盆的基座即完成。

組盆步驟

1 先將所有植株脫盆，去除根部外圍的土壤，點綴用的景
天屬萬年草稍微以手輕輕地分株，分量約是1吋盆或2吋
盆植株的大小即可。

2 以景天屬萬年草，從盆底開始種第一圈（共8個孔
洞）。種的時候，將植株的莖部左邊貼近盆壁，讓葉片
自然地向右斜而露出盆外。在每個孔洞種上植株之後，
就補上水苔，讓植株固定，必要時可以U形鐵絲加強。

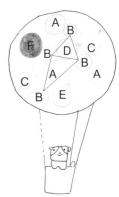

A玫瑰石蓮 B春萌 C桃之嬌 D紫麗殿 E紐倫堡珍珠 F紅豆
＊虹之玉・虹之玉錦

3 運用不同的葉片顏色，例如金黃色，紅色，白斑等的景天屬萬年草，將第一圈整個種完，並加土覆蓋填滿空隙。注意土不能堆太高，大約到第一層植株葉子的高度即可。

4 第二圈開始時，可以先將多肉植物（約1吋）和點綴的萬年草，以雙手彙整成束，握住根部種入盆內。

5 種的角度和第一圈植株呈交叉狀，可較為緊密的混合在一起，一邊種植一邊調整，讓每次種入的植株，儘量可以遮住塑膠花盆為原則，這樣完成的球體較能圓潤而飽滿。第三圈開始，開始種入2至3吋大小的主要多肉植物。

6 當種入的植株莖部已達盆口時，也是圓形要開始縮小時，此時先暫停側邊的組盆，花盆開口處，3吋的蓮花型多肉植物種在中心處，以圓形球體的概念，慢慢種上各式的多肉及萬年草，將上半球慢慢塑形出來。

7 挑選高度合適的植株，一一種入，直到整個球體圓潤飽滿，並注意植株的顏色搭配。

8 盆底繫上小竹籃，搭配小動物雜貨，多肉植物的熱氣球即完成。

No.
4

攪拌棒變身成綠色小樹

自從愛上多肉組盆後，
逛五金行也變成我的生活小樂趣。
當我第一眼看到不鏽鋼攪拌棒時，
就覺得它可以和多肉擦出火花！
只是沒想到它可以容納
這麼多的多肉小苗，
種著種著，
竟茂密成一株嫩綠可愛的小樹……

● 主要多肉植物
姬朧月．玫瑰石蓮．銘月．春萌．初戀

● 搭配多肉植物
綠之鈴（懸垂）．虹之玉錦．虹之玉

● 點綴多肉植物
白佛甲草．薄雪萬年草．黃金圓葉萬年草．圓葉覆輪萬年草

● 材料＆工具

攪拌棒（長度約20cm）‧桐木片基座（長10cm‧寬10cm）‧蘭花水苔‧花藝鐵絲‧電鑽‧
鉗子‧鑷子

組盆的基座

① 以電鑽將桐木片鑽孔。

② 注意孔洞大小，約可將攪拌棒插入固定即可。

③ 以老虎鉗撐開上方的鐵絲，將形狀拉成空心圓球狀。

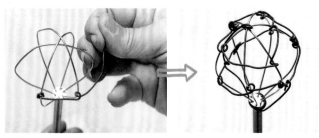

④ 以花藝鐵絲纏繞，加強空心圓球的構造。

⑤ 將預先以水浸泡過的蘭花水苔擰乾後，塞入球體到緊實的程度。

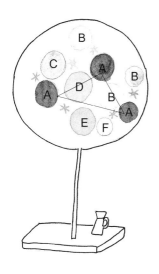

A姬朧月

B玫瑰石蓮

C蛋白石蓮

D春萌

E紫丁香

F銘月

＊虹之玉・虹之玉錦

組盆步驟

1 為方便操作，此作品儘量選用莖部較長（約2cm）無根或微根的1吋多肉。

2 在圓球體頂端以鑷子鑽出一個洞，種入顏色鮮明的姬朧月，並注意莖的基部周圍以水草塞緊。

3 陸續將其他主要多肉植物，以跳色的方式，相鄰著慢慢種入。主要多肉植物之間，可以選用虹之玉及虹之玉錦，增加作品的活潑性。

4 將最後點綴用的萬年草，隨意種植於多肉植物的空隙間，除了可以增加作品顏色的豐富度，當作品不夠圓的時候，還能稍微運用它們來作最後的修飾。小樹的下方可種入一小段含根的綠之鈴，加以裝飾。

No.
5

花園掛飾變身成美麗的花器

初次接觸多肉植物的朋友，
常常因為水澆太多
而讓多肉植物死掉了！
就以花灑造型的鐵製掛飾，
來點另類的提醒吧！
將多肉植物種在花灑上，
這不一樣的組合，
像是在說著：「夠了！夠了！
多肉植物是不需要太常澆水的喔！」
有了多肉的襯托，
這花灑掛牌也更加立體鮮明了呢！

● 主要多肉植物
聖卡洛斯・森聖塔・銘月・引火棒・猿戀葦・愛之蔓錦

● 材料＆工具

鐵製掛牌（高20cm，寬30cm）・鋁線（1.5 mm）・花藝鐵絲 #20・
蘭花水苔・松蘿・AB膠・小木片・鑷子

組盆的基座

1 取一截鋁線繞兩圈，以AB膠將兩端黏著在鐵掛牌的左下方。

2 靜置，等候鋁線與鐵掛牌固定。

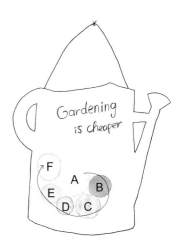

① 將主角聖卡洛斯莖部及根部，以蘭花水苔包覆後，塞入鋁圈中。

② 以U形鐵絲將多肉固定在鋁圈裡。

③ 其餘的多肉植物也是包覆水苔後，以順時針方向，緊挨著主角，一一以U形鐵絲固定在一起。

④ 將愛之蔓錦的根部包覆水苔，以U形鐵絲固定在黃麗及桑聖塔之間，粉紫色自然懸垂的葉片隨風搖曳，可以讓作品更生動自然。取用適量的松蘿，以U形鐵絲固定在組盆作品周圍，稍微遮住明顯露出來的水苔。此外，蓬鬆的松蘿也能幫作品增色不少。

A聖卡洛斯

B桑聖塔

C銘月（葉偏黃）

D銘月

E引火棒

F猿戀葦

No. 6 冬日午後的玻璃屋

由於運送過程中的不小心，
讓玻璃花器裂了一個洞，
讓人覺得好惋惜喔！
然而，換個角度想想，
其實破了一個洞反而通風，
更適合用來栽種多肉植物呢！
冬天，在暖烘烘的太陽照射下，
也不用擔心太悶熱，
自成一個很棒的小溫室。

◉ 主要多肉植物
火祭（葉尖變紅）‧虹之玉‧月兔耳‧美空鉾‧雅樂之舞

◉ 點綴多肉植物
黃金萬年草

● 材料＆工具

玻璃花器 ·
多肉專用土（較大顆粒）·
花插＆雜貨裝飾小物·鏟子·鑷子

組盆步驟

❶ 下方鋪上多肉植物專用
土。

❷ 選用3吋盆大小的美空鉾
（P.37的插圖1），種在玻
璃屋正後方。

❸ 依序種入月兔耳，虹之玉，及雅樂之舞
（P.37的插圖2至4）。再將葉尖橙紅的2
株火祭種在花器的前方（P.37的插圖5）。

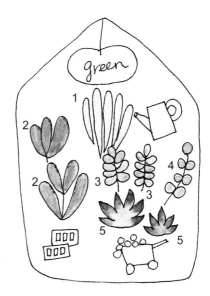

1美空鉾 2月兔耳 3虹之玉 4雅樂之舞 5火祭

4 迷你的小推車,加些土,細心的種上一小撮的黃金萬年草,屋頂的小洞剛好可以掛上寫著green的小鐵片。

5 將花灑小花插,迷你空心磚擺放在花器的各個小角落,彷彿冬日午後的溫室裡,愛花的園丁正辛勤的照顧園子裡的花花草草!

No.
7

種出來的多肉植物捧花

以多肉植物綁成的花束，
相較於鮮花捧花，
可以維持更長的時間。
然而，我私心希望它不僅是美麗的捧花，
還能陪伴我們更長的時間。
所以突發奇想，以手綁花的作法，
將一株株的多肉植物直接種在花束裡！
為了不搶走綠色捧花的風采，
所以選用了清新淡雅的包裝紙。

● 主要多肉植物

聖卡洛斯・紅唇・玫瑰黑兔耳・福兔耳・美空鉾・玉綴・朱蓮・雅樂之舞

● 搭配多肉植物

三色葉・龍血・白佛甲草・圓葉萬年草・白覆輪・黃金圓葉萬年草

● 材料＆工具

鳥巢式花托（日本進口花藝材料，直徑10cm）‧麻布‧包裝紙‧緞帶‧蘭花水苔多肉專用土‧花藝鐵絲 #20‧鑷子

組盆基座

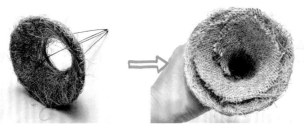

1 鳥巢式花托裡襯上一圈麻布。

2 底部的洞先塞入水苔，將洞堵住後，再加入適量的多肉專用土。

3 將預先以水浸泡過的蘭花水苔擰乾後，塞入花托中間，並達到緊實的程度。以#20鐵絲製作橫向固定的支架，將花托上的水苔與花托纏繞一起，便完成花束作品的主體基座。

1 參考多肉品種配置，一一種入基座。

2 3吋盆大小的多肉，如果莖部較短可以鐵絲穿過莖部後折斷，協助固定。

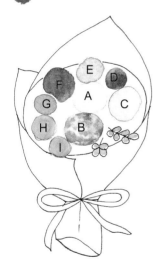

A聖卡洛斯

B紅唇

C月兔耳

D姬朧月

E福兔耳

F朱蓮

G桑聖塔

H美空鉾

I玉綴

3 以搭配的多肉植物，隨意種植於多肉植物的空隙間，利用它們豐富的色彩及細長的植株穿插點綴其中，增加組盆的律動感。

4 內層以牛皮紙色的包裝材料先完整包覆一圈。

5 外層選用英文報紙樣式的包裝紙以三角包裝法，包裹整個組盆後，再繫上咖啡色的方格蝴蝶結，即完成。

No.
8

幫白色花器加個繽紛彩色屋頂

愛動手改造的我，
木作花器一直是最喜歡的雜貨選項。
一方面是喜歡溫潤的木頭質感，
另一方面，它也會啟發更多手作的靈感！
原本素雅的白色花器，已經有扇窗子了，
所以再多裁一塊木片，
以線鋸機切掉兩個角作成屋頂，
組裝在一起之後，
再幫屋頂塗上顏色，
完成後，看起來更完整且溫馨了！

● 主要多肉植物
桃太郎・秋麗・美空鉾

● 搭配多肉植物
綠之鈴・龍血（紅色）・黃金圓葉景天・白佛甲草・雀利

● 材料&工具

白色掛板花器（寬30cm・高20cm）・桐木片（30cm×8cm）・五金固定片・螺絲・麻布・多肉專用土・顏料・木工膠・油漆刷・螺絲起子・鏟子・鑷子

花器改造

1 將桐木片兩邊斜切，變成屋頂狀。

2 以木工膠將桐木片和花器黏合。背面接合處以固定片鎖上螺絲（左右各鎖一個）。

3 自行設計屋頂的樣式，以乳膠漆或壓克力顏料上色，即完成。

4 在鐵籃花器上襯上麻布，稍微修剪超出鐵籃上方的麻布。

5 鐵籃裡鋪上多肉專用土，約八分滿。

1 花器上的鐵籃可栽種植株的面積不大（約10cm寬），組盆的順序可由左向右，會比較好操作。籃子左半部，將主角桃太郎（約2吋大小）和點綴性的植株，龍血、雀利及黃金圓葉景天，以雙手彙整成束，握住根部種入土裡，調整主角桃太郎的葉面角度，稍微面向我們的視線。

2 籃子右半部，後方先種入株型稍高的美空鉾，在它和主角之間，種下點綴性的植株，白佛甲草、黃金圓葉景天。

3 將秋麗種在美空鉾前方，和主角桃太郎呈現三角形的平衡。

4 將籃子右方的空隙補上點綴的雀利。右方的十字窗上，以綠之鈴及迷你澆水器雜貨點綴，即完成。

1桃太郎 2龍血 3美空鉾 4秋麗 5綠之鈴

No.
9

水蜜桃罐改造成的掛式吊盆

要先吃水蜜桃

還是先改造花器好呢？

因為完成後的作品要掛在門口，

所以選用體積較大的水果罐頭。

一邊改造，一邊聞到取出的水蜜桃香氣，

讓人忍不住想先偷吃一口！

經過裁剪後的鐵罐，表面抹上粗糙的披土，

就可以變身成花園裡

最耐用也最環保的花器！

● 主要多肉植物

扇雀・白厚葉弁慶・福娘・愛星

● 搭配多肉植物

黃金圓葉景天・白佛甲草・薄雪萬年草

● 材料＆工具

水蜜桃罐（直徑10cm）·掛勾·鐵鍊·補土·壓克力顏料（藍色）·油性印泥（黑色）·英文字印章·抹布·多肉專用土·牛排刀·油漆刷·鋼剪·電鑽·鏟子·鑷子

罐頭改造

1 以電鑽先在罐頭蓋的邊緣鑽一個小洞，再以鋼剪將罐頭側面剪開，修剪出花器的形狀。

2 以電鑽在花器底部預先鑽洞（排水孔），接著在花器周圍對稱鑽出四個小洞（作品完成時可掛上鐵鍊，方便懸掛花器）。

3 罐頭外面塗抹防水批土，不需要塗抹均勻，讓表面呈現凹凸及紋路更好。鋼剪修剪後的銳利邊緣，儘量以批土塗厚些，避免割傷。等待約半天讓批土自然乾燥。

4 選用藍色壓克力顏料上色，以英文字印章蓋上文字。

① 以麻布襯在罐頭底部，裝入多肉專用土，約八分滿。參考插圖的多肉品種配置及作品10的組盆步驟，由左至右開始組合。左邊種入福娘、白厚葉弁慶後，右邊後方先種入株型較高的扇雀，前方種入葉子呈橘色的愛星。

② 主要植株的空隙，以點綴性的植株交錯種入。刻意讓黃金圓葉景天的枝條自然懸垂於盆外。

③ 組盆完成後將鐵鍊裝上，作品掛起來時，會有隨風搖曳的感覺。

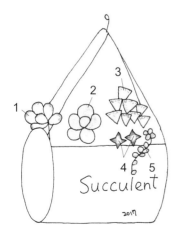

1福娘　2白厚葉弁慶　3扇雀　4愛星　5黃金圓葉景天

森林裡的自然風小屋

灰白的水泥牆和帶點青苔綠的棕色屋頂，
會讓這個小屋花器更顯自然，
這是我參加水泥盆製作課程後，
發現水泥的趣味之處！
試著運用水泥
讓鐵罐改造成的花器，
增添多一點自然及斑駁的陳舊感。
最後將屋頂預留的小洞，
種上幾株顏色青翠的多肉植物，
森林系小屋就輕鬆完成啦！

● 主要多肉植物
馬庫斯

● 搭配多肉植物
圓葉景天白覆輪・白佛甲草

● 材料 & 工具

玉米罐頭（直徑8cm）·鐵網（裁減成22×11cm大小）·瓊麻絲·水泥砂（五金行已調配好的）·顏料（深棕色，淺棕色及綠色）·水彩筆·手套（水泥會傷手，必備）·鉗子·牛排刀·鋼剪·多肉專用土·雜貨裝飾小物

花器的改造

1 水泥砂預先加水攪拌均勻呈麵糊狀，水泥砂：水的比例約1：1。

2 鐵網以鋼剪裁切後，凹折成圓錐型屋頂。成形的屋頂剪出方形的孔洞。

3 以鉗子將裸露的鐵絲一一修整收邊。

4 瓊麻絲網包覆圓錐形鐵網屋頂。

5 以泥漿塗抹屋頂，孔洞的部分不塗抹。

6 等泥漿乾燥凝固後，以刀尖刮出類似屋瓦的方格紋路。一般來說，24小時即可乾燥，若遇到下雨天，凝固的時間會加長。

⑦ 選用深棕色及淺棕色的壓克力顏料，將屋瓦刷出斑駁陳舊感。

⑧ 局部可刷上綠色，讓屋瓦彷彿長出青苔。

⑨ 作為房子的罐頭也塗抹泥漿，不須太均勻，會讓手作花器更具自然風格。

組盆步驟

① 鐵罐裡鋪上多肉專用土，約9分滿。

② 將主角馬庫斯（約2吋大小）和搭配的植株（圓葉景天白覆輪及白佛甲草），匯集成束。

③ 握住所有植株根部，從屋頂預留的開孔往罐內的土裡植入，適當的補土讓植株的根穩固栽種。

六格野餐小提籃

這個盆器的製作發想來由真的很有趣，
某天在便利商店看到三明治的包裝盒，
改造的靈感便閃過腦海！
於是，連續好幾天，
我都買這三明治當早餐，
為的就是製作這款六格的提籃。
提籃裡種的是1吋盆的多肉，
由此就可以知道它有多迷你了！

● 多肉植物
福娘・火祭・乙女星・縞馬

● 材料＆工具

水泥砂（五金行已調配好的）・壓克力顏料（深棕色，淺棕色）・仿舊塗料（舊莊園──銀色）・鋁線・六格塑膠容器・1吋塑膠花盆6個・手套（水泥會傷手，必備）・水彩筆・鉗子・電鑽・鑷子・鏟子

雜貨改造

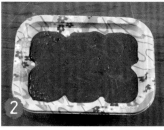

1. 水泥砂預先加水攪拌均勻呈麵糊狀，水泥砂：水的比例約1：1。

2. 泥漿倒入六格塑膠容器，約七分滿。

3. 將1吋塑膠花盆，一一壓入容器內的泥漿裡，花盆盆口和容器的邊緣等高。

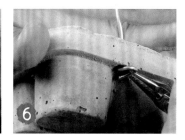

4. 等泥漿乾燥凝固，脫去外層的塑膠容器。

5. 以電鑽將兩邊孔，加上鋁線當作握把。

6. 鋁線和水泥盆子接合處，以鉗子夾出一個圈，即可完成可活動的提把。

⑦ 外圈的水泥部分，刷上一層銀色仿舊漆，只要輕輕的乾刷一層，也不需塗抹太均勻。

⑧ 待仿舊漆稍微乾了，刷上淺棕色壓克力顏料，過程輕輕地乾刷，適度地露出底層的銀色，局部刷上深棕色，讓作品呈現金屬生鏽的效果。

⑨ 將鋁線提把塗上深棕色顏料，作品即完成。完成的花器沒有特意留排水孔，必要時可以電鑽在盆底打洞，以利排水。

植株的栽種

① 在1吋盆內鋪上多肉專用土。選取顏色鮮明，且葉形不同的1吋多肉植物。一一種入盆裡。

No.
12

小屋子的多肉組合三部曲

想在木片上種植多肉，
可以運用鐵網，罐頭，
作成不一樣的花器樣式，
幫助我們將多肉固定在木片上。
接著再搭配不同的顏色塗裝，
讓作品呈現意想不到的風格。
而且比手掌大一些的小屋子，
搭配各種1吋的多肉後，
會是很討喜的小禮物喔！

◉ 多肉植物

紅色屋頂（作品分享）

熊童子・將軍閣錦・姬若綠・玫瑰黑兔・黑兔耳・高加索景天・波尼亞

● 材料＆工具

小屋造型木片・龜殼網・蘭花水苔・花藝鐵絲（#24・#22）
・鉗子・鑷子

● 多肉植物

藍色屋頂（示範製作）
達摩姬秋麗・黑星兔・銘月・桃太郎・玉綴・花葉圓貝草

紅色屋頂（作品分享）
熊童子・將軍閣錦・姬若綠・玫瑰黑兔・黑兔耳・高加索景天・波尼亞

橘色屋頂（作品分享）
樹冰・小水刀・銀之鈴・佛列德艾福斯・波尼亞・黃金萬年草

花器的製作

1 DIY完成的房子掛牌，
中心預先留下孔洞。

2 以鐵網包住水苔。

3 捏成球狀塞入掛牌的孔
洞。

4 背面以鉗子輔助，將鐵
網撐開，將其固定在木
片上避免掉落。

1 基座右上方以鑷子將水苔鑽出一個洞，種入主角桃太郎，並以鑷子將水苔往植株的莖部壓緊，直到植株不會輕易晃動，必要時，可以U形鐵絲輔助植株的固定。

2 依照步驟1植株栽種及固定的方式，以桃太郎的下方開始依順時針方向，陸續種入黑星兔、花葉圓貝草、達摩姬秋麗、銘月（2株）。

3 左側最外圈種入黑星兔、桃之嬌及銘月即完成。

No.
13

孩子穿不下的小雨靴

孩子小時候穿過的小鞋＆小衣服
都好捨不得丟，因為看到它們，
就會想到孩子小時天真可愛的模樣。
通常衣服可以送人，
但穿過的小雨靴，就拿來種多肉吧！
只是，如果鞋頭再圓一些胖一些會更討喜，
在試過許多辦法後，
終於找到將它變成可愛花器的方法！

● **主要多肉植物**
錦晃星・銘月・秋麗・福娘・姬朧月・桃之嬌

● **搭配多肉植物**
綠之鈴（懸垂）・三色葉・白佛甲草・圓葉景
天白覆輪・花葉圓貝草・薄雪萬年草

● 材料&工具

塑膠雨靴・防水彈性補土・造型紙黏土・遮蔽膠帶・牛排刀・壓克力顏料（藍色・橘色）・水彩筆・鉛筆・小石子・多肉專用土・鑷子・鏟子・乾燥松蘿

組盆製作

1 雨鞋底部先鑽洞，預留排水孔。運用紙黏土，將雨靴捏塑出較胖且可愛的造型。紙黏土及塑膠雨鞋的接縫處，以膠帶纏繞加強黏合。

2 徹底地將鞋子表面塗上一層彈性防水補土。靜置待補土乾燥後，描繪出喜愛的圖樣，並且上色。

組盆步驟

1 將原本是兩隻腳的鞋，併攏靠在一起，視整體為一個花器而加以組盆，有助於作品的整體性。鞋子裡面置入大小合適的塑膠花盆，底部先鋪上石子約半個鞋子高度，再補上多肉專用土。

1銘月　2錦晃星　3秋麗　4福娘
5桃之嬌　6姬朧月

②　為方便操作，這個作品儘量選用無根的1吋多肉，莖長度
　　約1.5至2cm。

③　於右邊的雨靴，將福娘、桃之嬌依序種入。

④　將姬朧月種中間，並儘量靠左邊栽種。

⑤　將點綴用的植株如薄雪萬年草、花葉圓貝草等，種植於空隙間，以增加顏色的豐富度。

⑥　左前方種入一小段含根的綠之鈴，讓它自然懸垂。

⑦　部分空隙塞一點乾燥花材常用的松蘿，讓作品更顯自然。

室內的日光小花園

如果家裡有個日照良好的庭院或向南的陽台，當然會是多肉植物的最好生長環境。但家裡若沒有好的日照條件，卻很想栽種多肉，又或者辦公室及店面需要有多肉植物的裝飾，這時植物燈就是不錯的選項。

日本直送的greenteria（註），白色箱體外型美觀簡約，不但讓多肉植物不受限於戶外環境，能隨時變換及妝點空間，不必再擔心蟲害，只需澆水即可輕鬆照料。室內穩定的溫度與光照，也使得多肉植物的色彩變換更加快速鮮明。無論是單盆栽種，或混栽組盆，皆能無違和融入室內空間，打造療癒小角落，為生活帶來新意！

我有位朋友很喜歡熊童子，然而養在家裡陽台的熊，不太容易養出紅色的指尖，加上夏天台灣悶熱的氣候，熊童子總是不容易存活。年初趁著日本原廠來台的商品說明會，一方面了解LED燈箱的光源對多肉的影響，另一方面，她也喜歡白色燈箱簡約大方的造型，所以買了一台打算專門用來養熊童子。

大約2個月後，有天她突然說，熊童子長花苞了怎麼辦？我心想，雖然花苞會消耗植株養分，但因為很少看到在陽台養的熊童子開花，所以請她務必拍照讓我看看！只見照片裡的熊童子，不僅長出很多新葉子，且葉尖泛紅，花苞也很飽滿，真是好可愛！

至於我呢，以迷你園藝的概念，直接在燈箱裡組盆，假裝這是我的另一個神祕小庭院。而店裡落地窗前的販售台上，也因為有它，而顯得格外有生氣了起來！

（註）備註：多肉植物燈箱的商品規格及使用說明，請參考DeAgostini Taiwan 迪亞哥官網：www.deagostini.tw。

● 主要多肉植物

秋之霜・達摩姬秋麗・蘋果火祭・巧克力方磚・縞馬・拉威雪蓮・原種卡蘿拉・藍粉筆・福
娘交種・福娘輪回・南十字星・黑星兔・熊貓兔・福兔耳・熊童子・葡萄吹雪・卷絹

● 搭配多肉植物

黃金萬年草・圓葉覆輪萬年草・三色葉・黃金圓葉景天・松葉景天・波尼亞

● 材料＆工具

LED植物燈箱．
多肉植物專用土．
趣味的雜貨裝飾小物．
鑷子

組盆步驟

① 將組裝好的LED植物燈箱，燈座下方鋪上多肉植物專用土（為排水方便，組盆前可事先以電鑽將燈箱底部鑽孔）。

② 燈箱左半邊，以攝影的井字構圖方式，選出左上的黃金交叉點，先植入4吋盆大小的主角秋之霜。

③ 將3吋盆的蘋果火祭、熊童子、達摩姬秋麗，種在主角秋之霜周圍，注意植株高度略低於主角，燈箱左半邊再種上縞馬，並將景天屬的萬年草點綴種在植株的空隙間。

4 燈箱右半後方，以右上的黃金交叉點為圓心的這個區域，將灰藍色系且葉形不同的多肉植物（熊貓兔、黑星兔、福兔耳、藍粉筆、福娘交種、福娘輪回、原種卡蘿拉）一一種入。

5 燈箱最右方為迷你的小菜園，除了卷絹及葡萄吹雪，其餘隨意種上各種的景天屬萬年草。

6 特殊品種的兩株拉威雪蓮，種在燈箱右前方，增加作品的亮點。

7 將整個燈箱四周仔細檢查一遍，後方的空隙種上南十字星，必要時，增加點綴性的景天屬萬年草。

8 雜貨裝飾小物也是組盆的一環，擺上小貓、小椅子、小磚塊後，彷彿自己也置身在這個迷你的日光花園裡！

9 將燈箱上半部小心裝上，依照使用說明書設定光照時間，就可以放在室內喜歡的角落欣賞。

No.
15

等待一季的自然組盆

去種植多肉植物組盆多年，卻一直有個困擾，就是我喜歡在作品中添加景天屬的多肉，但它們比較需要水分。常常同一個盆裡，照顧好石蓮花屬的多肉之後，景天屬卻因為缺水而有些凋萎；而水澆得太多，又不小心讓石蓮花屬的多肉爛根，就這樣對於要澆水還是不澆水，掙扎了好多年。

近日因為課程的需要，我開始學習景天屬多肉的繁殖。栽種幾次後，我發現自己繁殖的景天植株高度不會太高，而且根系穩定後，很適合一株一株輕輕以鑷子夾起來栽種於多肉組盆裡，也可以先在育苗盆裡將各個品種混種後，等根系穩定後，直接種上1至2株石蓮花屬的多肉。這樣依照植物生長特性不同，分開時間的合植方式，其實也算是另一種多肉組盆方式，也解決了我之前的困擾，圓潤飽滿的多肉終於可以一起健康的生長了！

多肉花束多變款

來自聖誕公公的小花束

紅色的聖誕節花器實在是太適合送禮了，想像著如果讓聖誕老公公捧一把花束，這樣的多肉組盆是不是可行呢？

選用含根的多肉植物，隨意混搭成一把花束的感覺就好。以輕透的瓊麻絲包覆一圈，直接將成形的花束傾斜地擺入盆器裡，從底部周圍開始紮實地填土，直到整個花束穩穩地不會晃動。

它是種在土裡的多肉花束，好好照顧它，這花束可以美麗好一陣子，一定會是很棒的聖誕禮物！

● 多肉植物

粉紅莎薇娜・千兔耳・八千代・乙女心・三色葉
・春萌・薄雪萬年草（搭配）

提籃裡的多肉小花束

這個銘黃色的木提籃，很適合種上一把綠色的多肉小花束，完成後的作品放在店裡，便開始有許多朋友愛上這樣明亮的配色。

原本有些喜歡多肉組盆的朋友，其實會對木作的花器有疑慮，擔心日曬及澆水讓花器受損。因為這個作品，才讓他們也愛上木器的樸質美感，開始嘗試多肉植物和木器的組合。

喜歡花束的朋友，手邊若有類似提籃盆器，也可以和我一樣，試試將多肉花束直接種在盆器裡，看看它們的有趣變化！

● 多肉植物
娜格林‧龍蝦花‧虹之玉錦‧圓葉覆輪萬年草‧白佛甲草

麻布襯托的多肉花束

真的很喜歡花束的樣子,所以我經常在想,還有什麼方法,可以製作出更有意思的多肉植物花束?

我想到冰淇淋甜筒的概念,運用鐵網凹折成錐狀花器,放入2吋盆大小的多肉組盆,以柔軟的麻布包覆在作品最外圈,繫上蝴蝶結緞帶後,又是一款種在土裡的多肉花束了!

組盆裡的錦晃星,植株本身的姿態及葉片邊緣的紅色,是這作品的一大亮點。

● 多肉植物
月兔耳・錦晃星×2・小水刀×3

No.
17

示範

可愛的多肉植物花推車

 多肉組盆練習曲

這是給你的功課,請試著以
書中的技巧,加上你的想法
來組個作品吧!

一眼看到這花器就覺得很有意思,
造型上像極了街角花店的推車,
結構上,也像是掛在牆上的大畫框,
完成後的作品可以
放在大門邊或掛在花園的牆上,
一定會吸引很多人的目光!

● 材料
進口造型花器‧多肉專用土‧發泡煉石‧雜貨裝飾小物‧花藝鐵絲(備用)

● 主要多肉植物
聖卡洛斯(3株)‧樹冰‧玉綴‧朱蓮‧錦乙女‧白厚葉弁慶‧月兔耳‧黑法師‧魔海‧桑聖塔‧若綠

● 點綴多肉植物
三色葉‧龍血‧黃金圓葉景天‧圓葉覆輪萬年草‧黃金萬年草‧薄雪萬年草

我的多肉植物後花園

　　每次的多肉組盆開課前，我最期待的就是親自到農場去，幫學員挑選上課要使用的多肉植物！就像有些餐廳的老闆，為了品質，堅持到漁港親自挑選新鮮漁貨。即便路途再遠，我也會開著我的小車，隻身前往好幾個農場，一株一株挑著會用到的多肉植物。幾個合作已久的農場主人，也很有默契地讓我在園子裡慢慢地巡、細細的挑。看著溫室裡生長茁壯的多肉植物，就覺得這當下好幸福！

以下是幾個我常去採買多肉植物的農園＆園藝店：

農園（多肉繁殖溫室）

　中興花園（桃園縣大溪）

　瀚霖園（新竹縣湖口）

多肉植物販售（溫室‧露天展售）

　綠果庭園（田尾公路花園）

　多美麗花園（田尾公路花園）

　微笑多肉花園（台中縣神岡）

園藝店

　福運隆園藝（新竹市）

網路販售

　肉肉園藝（FB同名社團）

從多肉書開始的多肉生活

　　說到認識多肉的開始，一定要提到一本書，那就是《仙人掌的自由時光》（羽兼直行著）。它幾乎是我的多肉植物啟蒙，在台灣市場還沒流行多肉植物之前，這本書的出版，帶給我不同的視野，原本不喜歡碰仙人掌的我，因為愛上書裡許多清新的組盆及有趣的手作品（例如仙人掌作成的時鐘、多肉植物編串成草帽的裝飾等⋯⋯），不知不覺中，多肉植物開始慢慢在我家陽台擴散開來⋯⋯

　　先從唐印開始養起，剛開始因為陽台都是草花，為了澆水頻率一致，我試著將唐印的土換成中間顆粒的煉石，即便澆水頻繁，它的根也能順利生長。

　　有一次參加網路的花友聚會，我在網友的多肉溫室裡看到唐印的繁殖後，回家後也依樣以銳利的刀片將唐印頂端的葉子（4至8片）切下重新發根，再讓切剩的莖部放置一段時日，觀察小苗的發育，並拍照作紀錄。熟悉單一種多肉的照顧和繁殖之後，其他的多肉在照顧上就更容易上手了！

Claire推薦的多肉作家

日本
羽兼直行　http://sabotensoudan.jp/inde×.html

松山美紗　http://www.sol×sol.com/

季色TOKIIRO　http://www.tokiiro.com/

河野自然園　http://www.kyukon.com/

黑田健太郎　https://ameblo.jp/flora-kurodaengei/

美國
Debra Lee Baldwin　http://debraleebaldwin.com/

台灣
葉子先生　https://www.facebook.com/lccPRUNS

植物風瘋植物　https://www.facebook.com/RONSPLANTSWORLD

希莉安的多肉世界　https://www.facebook.com/silian.succulent/

大陸
二木　http://blog.sina.com.cn/u/1757449167

CHAPTER 2

開店創業
& 學習

開店創業甘苦談

學會多肉組盆，就可以創業嗎？

在我的身邊有許許多多的朋友，一開始只是將多肉組盆或多肉栽種當作興趣，在FB或Instagram分享照片，之後可能受邀當老師或參加市集、展覽，就有機會銷售出自己的手作品或多肉組盆，原本的興趣也能幫自己豐富收入！

回想我自己的創業之路，也是相當有趣！我的店名是「11樓之2的小花園」，經常會讓客人混淆，以為店真的開在11樓，然而在附近遍尋不著有11樓以上的大樓，覺得自己迷路了！有的客人甚至人已經來到我店門口了，還打電話跟我們再次確認：「你們不是在11樓嗎？」

我的朋友曾經這樣形容我，說我在11樓家裡陽台種花玩手作，原本同名的部落格，從網路的虛擬世界落地，變成了大家可以來喝下午茶的咖啡館。

　　說到我的創業路程，與其說有創業的念頭，不如說我不適合整天待在辦公室，所以想盡辦法離開，可是又找不到可以種花又能賺錢的工作。曾經，我和多年買花的園藝店老闆開口，問有沒有機會去他們的園子打工，但老闆笑著對我說：「應徵員工時都要考試哦！光搬運重物這關，你可能都過不了！」也謝謝這位老闆委婉的拒絕我，其實我們都明白，當時的我並沒有勇氣放棄安穩的園區工作，倒是後來他經常介紹我接企業團體的園藝課程，讓我有機會當一下花草組盆老師！

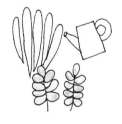

　　後來，朋友剛接手的咖啡館，原本的多肉組盆課程，因為老師臨時不能配合，找我代打，於是透過部落格的招生及上課同學的介紹，我從新竹市教到竹北，接著台北聯合報系的樂活學院，女青會也都找上了我。

　　原本因為沒有穩定收入這件事，讓我和大家一樣，沒有勇氣辭職創業。但我真的也沒料到，我平時在陽台拈花惹草的興趣也能賺取收入了，雖然不多，未來也不知道穩不穩定，但，我總算是往前踏一大步了！

工作＝興趣or工作＋興趣

如果工作可以和興趣相結合，這的確是很幸福的事！

萬一有人不知道自己的興趣或天賦是什麼？或有人找到了可以投入的工作，但卻遭遇種種困難；或即便知道這是可以用心經營的工作，卻沒有勇氣跳下去，那該怎麼辦呢？

還記得今年八月到北海道的富田農場看薰衣草田，途中導遊告訴我們一段關於農場主人因為對薰衣草的熱情及不放棄的耐心和勇氣，而終於成就一片紫色花海的感人故事！

故事是這樣的……

北海道最著名的富田農場，在1958年政府鼓勵農民種多年生藥用及特用作物下，農場主人富田忠雄也就在當時投入了栽培薰衣草的行列。

富田農場的花田景致。

　　薰衣草栽培的全盛時期，有將近250戶農家投入生產，栽培面積約有230公頃。後來由於人工合成香料的開發及運輸的成本過高，香料公司不再向農民進行契作收購，一時之間大家紛紛將薰衣草鏟除，改種其他經濟作物。

　　1973年富良野地區只剩富田忠雄夫妻，不顧鄰居的冷嘲熱諷及家裡的經濟困頓，以僅有的五公頃田地，持續向銀行借貸苦撐，繼續栽種薰衣草。

　　憑著對薰衣草的熱愛及堅持不放棄，終於在1976年，日本國鐵推出的年度風景月曆中，將北海道的最後一片薰衣草田海報張貼在日本各JR車站，隔年吸引大批觀光客和攝影師前來，終於讓富田農場變成家喻戶曉的觀光勝地！

　　現在的富田農場有15公頃，每年吸引百萬人次到訪，富田先生不僅得到法國普羅旺斯薰衣草協會頒贈封號，更是日本薰衣草之父！

　　我常常在想，我雖然不是園藝家，也不是花店的老闆娘，但一樣深愛花草。這些日子以來，我以富田農場為我心中的藍圖，學習富田忠雄的精神，慢慢建構出自己的生涯規劃！

　　工作和興趣能夠結合，又能不擔心收入，這的確很令人羨慕，但是如果不能呢？

　　可不可以是——工作和興趣都照顧好，有一份喜歡的工作，自己不用擔心收入，還能去發展自己的興趣，這樣也是不錯的！

我的多肉植物組盆學習之旅

Flower Plants Café（自由之丘）
多肉植物的自由組盆

每次的東京旅行我已習慣到Flower Plants Café來報到，因為這裡是我第一次接觸多肉組盆的起點，也是讓我深深愛上，整個人身陷其中的開始。

記得那是天空湛藍的11月，我發現街角的園藝店外有兩位學員在組盆，當我走近一看，簡單的工作桌和幾張板凳，正是園藝店假日開設的臨時多肉組盆教學攤位。不會日文的我好奇又勇敢地當場報名加入，那天，我貪心地完成我夢寐以求的多肉花圈。作品完成時，一個人拎著大大的花圈在路邊的樹下猛拍照，因為花圈裡飽滿且顏色鮮明的多肉植物，真的讓人心動不已！

這美好的學習初體驗，也影響我日後開店的許多堅持。尤其是我喜歡看多肉在戶外生長時自然的顏色，所以我的店面一定要在公園或綠園道旁邊，當曬不到太陽時，我會將桌椅搬到草地上，讓朋友可以看到多肉最美的顏色……

Sol × Sol 多肉植物及仙人掌專門店

　　早期我是從網路商店開始關注追蹤日本的多肉組盆作品，其中松山美紗小姐的Sol × Sol 網頁版面特別清新，加上多肉植物的豐富資訊，讓我經常掛在網頁裡尋寶。

　　特有的白色或鋁製花器搭配出，雅致簡潔的多肉組盆風格，提供清新的多肉植物圖片，讓讀者可以自由存取當電腦桌面，還有輔以清楚圖片，細心説明多肉照顧修剪的單元，都讓我欣賞不已。我也曾循著松山小姐的網頁動態，特地拜訪他們在澀谷Tokyo hands的7F商品店鋪，及在東京地鐵站百貨公司的臨時展售店。直到2016年，我終於在東京跳蚤市場裡遇到松山美紗小姐本人，可惜我沒有帶她撰寫的多肉書請她簽名。不過，當天能親眼欣賞她素雅的組盆作品，也算不虛此行了！

http://www.sol×sol.com/

TOKIIRO 季色

一開始我親自到季色工作坊同近藤先生學習多肉的組盆，上了兩次課之後，我不知是哪來的勇氣，就和近藤先生説，我一定要請他來台灣，讓更多喜歡季色作品的朋友，可以跟他們學習！（沒想到近藤先生就這麼記在心裡）

當然，我心底也想著，如果可以，我真的很希望能帶朋友到日本千葉，一同拜訪季色。因為不只是多肉組盆，季色是個讓人很喜歡，甚至嚮往的綠色居家及工作室。此外，這期間，我也曾到日本參觀Go Green Market市集裡的季色攤位。

有一年，近藤先生剛好來台，原本是我們私人的聚會，我心想機會難得，既然都來到了新竹，問他能不能撥一些時間給我，想讓台灣的朋友也能多認識季色的多肉植物創業之路。於是，季色來台灣的第一次見面&分享會，就在11樓之2的小花園溫馨熱鬧的舉辦了！

http://www.tokiiro.com/about/

橫濱河野自然園

　　因為喜歡井上老師柔美的多肉花圈，所以無論如何，都想親自走訪一趟河野自然農園，這是我翻閱著井上老師的多肉植物著作時的想法。

　　不只有多肉植物，井上老師的作品瀰漫著大自然四季的自然氣息，怎麼說呢？第一次的拜訪剛好是初冬，園子裡的多肉組盆裡也綴有球根植物，農園裡同時也養著各式季節性草花，有別於只有多肉植物的溫室，這裡有著我愛的花草及多肉植物巧妙融合，更讓我怦然心動。

　　我和井上老師學習以園藝球形組法，組合出多肉植物花球，這與我原本熟悉的水苔組法不太相同，也因為是園藝的組盆作法，會以土作為主要介質，我更能隨心所欲運用不同的景天種類，完成更多元的作品。當然，不僅是多肉組盆，我也期待日後能參加井上老師的完整園藝課程！

http://kohno-shizenen.com/

濃厚的興趣＆不斷的學習

　　不僅是多肉植物的組盆課程，只要能和多肉有關的手作課程，我都很喜歡。

　　在我小時候，總是聽到上一代的長輩說，興趣不能當飯吃。意思是，賺錢都來不及了，怎還有時間去學什麼才藝呢！然而，在人手一支智慧型手機，網路發達的資訊時代，我們反而因為FB社群的資訊分享，發現許多有趣的活動。不說別的，就以多肉植物為主軸的FB社團或網路資訊，就充滿五花八門、各式各樣的手作品創作、課程及市集資訊，讓學習變得更容易了。

　　當我還是上班族時，我曾經參加攝影課、輕水彩畫、銀黏土、手工香皂還有義式烹飪……此外，我也曾參加許多次植物社團的網友聚會，或小型的市集。這些都是上班之餘，有趣好玩的活動。而為了開店需要而參加的課程，也是透過網路找到的，例如國家舉辦免費的女性創業資訊講座及義式咖啡拉花。

開店初期，店裡除了提供下午茶及輕食，手作課程也是很重要的營運項目。只不過課程的安排上，會以我個人想學的手作優先規劃，而且課程的安排，我也會和老師溝通，希望能至少安排一季或半年，由淺入深，循序漸進好讓同學有系統的學習，進而變成長久的興趣。很幸運的，我遇到不少理念相同，可以一同配合的老師們！

　　也因為我本身喜歡多肉植物，有些課程我會請老師針對它來設計，所以在我們的課程裡，總是有它出現：羊毛氈戳成的多肉植物、毛線編織成的多肉組盆、多肉主題的輕水彩畫、鑲嵌玻璃製作仙人掌圖案的花插，當然還有黏土捏製成的多肉作品。我想，我們店真的算多肉中毒很深！好多課程都有多肉植物！

　　時間允許的情況下，我也會儘量一起學習，可以親手繪製出可愛風的多肉組盆明信片，以鑲嵌玻璃焊出仙人掌圖案的花插，捏製有趣造型的迷你花盆及雜貨小物等……上課有趣又能和我的興趣結合，真是很難能可貴，我也很謝謝這些老師們！

迷你的小木門小木器製作&迷你陶器花盆的捏製，設計出自己風格的迷你園藝裝飾品。

試著以輕水彩畫出多肉的各種綠，也可以運用畫作，自由自在的玩多肉組盆。

文字鼓舞的力量

很多年後，我才發現其實我寫部落格或FB，不是為了別人，而是多年後，讓迷惘的自己找回初衷的最棒也是最有用的禮物。

創業的過程，充滿酸甜苦辣，我最怕自己失去動力，失去熱誠。尤其是我們這種大家口中說的個性小店，自己就是老闆，萬一心情沒有調適過來，很容易店門拉下來翹班去或放棄。這時，找回開店的初衷和熱情，比起身邊親朋好友的鼓勵更有用，因為只有多年前那個渴望開店，努力在上班和興趣中找出路而努力不懈的我，曾經寫下的隻字片語最能點醒自己。

2007年，在公司資遣後的半年，我有新的機會回到安穩的職場，然而念頭一轉，我跳進最難也最挑戰人心的新工作，一個有保證月薪且從頭訓練的美商保險公司，讓我覺得中年轉業似乎是有機會的，雖然心底還是有些聲音：「離開這穩定的工作，就沒有回頭的機會了！真的想清楚了嗎？」

那時的我在部落格寫下這段文句：

「這一年多的日子，從有個安穩的工作到選擇性失業，再從隨興自由的生活回到規律安穩的職場。後來，念頭一轉，還是離開了。這段時間，我經常讀著，松浦彌太郎寫的《最糟也是最棒的書店》，這本書改變了我對工作的一些想法。尤其是松浦先生在序言中的一段話，很值得分享。

『如果有人問，不上班又能賺錢過日子的方法是什麼樣的方法，我會告訴他就是「絕不放棄」。從事自己最擅長的事，其他人會覺得開心，自己也會開心的事。

雖然無法成為第一名，但是是自己唯一會的事，形形色色的事情都可以。也許這樣的路會很漫長，也許會很辛苦，很勞累，可能生活拮据，但一定會有感受到幸福的瞬間。』

跑業務的初期，其實我每天都很緊張，因為要勉強自己按照公司的訓練，每天打電話約朋友，甚至在沒有名單的情況下，也曾約過幾位網友，有的還被我嚇跑了！不善言辭，平日也沒在跟朋友噓寒問暖的我，經常被拒絕或被放鴿子，沒有地方去的時候，也不敢回辦公室，這段期間我經常流連在咖啡館或園藝店裡。也因此，我認識了不少開店的朋友，而且到現在都還有聯絡，甚至現在我們互相有業務往來……

究竟是什麼事會讓人開心，自己也開心？而且還是我擅長的事？

我想起大二暑假時，在墾丁國家公園當暑期解說員，每天帶著各地前來的遊客，在公園裡，導覽並解說園內特別的花草、生物及地形時，自己游刃有餘且也跟遊客打成一片，有時還會收到外國遊客寄來我們的合影照片，那段日子真的很開心！雖然，我明白那不是真的工作，只是年輕歲月時才有的天真浪漫，但是，難道成年後的我，真的沒有這樣將專長和興趣結合的工作機會嗎？

那時的我，每天依著公司的規定，認真且有紀律地跑業務，空檔時滿腦子都在想這個問題，雖然一時間無解，但至少我可以撥些時間，在部落格裡為自己寫下勉勵的話，同時也開始思索，什麼是自己擅長且能投注熱情的事了！

我的開店日常

每日

7：00 AM	到達店裡
	將店裡的多肉植物搬到戶外曬太陽
	整理店面花草、網路訂單、拍照

10：00 AM　　開始營業
　　　　　　　經營FB粉絲頁
　　　　　　　手作課程設計安排
　　　　　　　雜貨＆花材訂單整理

18：00 PM　　店面打烊

18：30 PM　　戶外多肉植物搬回店裡

23：00
至24：00 PM後　停止FB活動，休息

每月

5日以前　　　公布當月的手作課程

10日以前　　雜貨選購＆批發訂單

每年

1. 多肉植物組盒課程講授（中秋過後至4月底）

2. 有計畫的日本進修，採買＆旅行

3. 創業的分享　1至2場

我的勵志話語

在我寫的部落格裡有兩類文章，常常收到網友的回應，分別是「上班途中」及「明信片」。我經常會將書上看到，讓我感覺有力量的一些文句，寫在部落格裡。有時，當我拍到喜歡的照片時，我也會將文字簡短摘要在照片下方，讓部落格看起來像是一張有著勵志話語的明信片。下面有好幾段話，就是這些年一直鼓勵著我的話語。

「可是，她們非常想要個花園啊！」

這是美國最有名的家庭主婦，瑪莎史都華，被質疑都市人哪裡會有花園時，堅持要在節目上教大家種花的理由。

如果喜歡燒菜，應該開一家餐館；如果喜歡做園丁，說不定日後會有一家全球連鎖園藝店。當你發現有件事是你感興趣的，別讓年齡牽絆你，去做就是了。

——吉姆．羅傑斯《給寶貝女兒的十二封信》

如果有人問，不上班又能賺錢過日子的方法是什麼樣的方法，我會告訴他就是「絕不放棄」。從事自己最擅長的事，其他人會覺得開心，自己也會開心的事。

——松浦彌太郎《最糟也是最棒的書店》

如果你覺得人生再這樣下去實在很無聊，何不鼓起勇氣，將手上的東西全部丟掉。這是為了可以緊緊抓住之後不斷降臨的機會。

——宇佐美百合子《笑顏滿分》

對退休者的調查顯示，75%的人都後悔自己沒有在某個時間點換工作。熱愛你的職涯，不代表要花更多時間工作，或錯過工作以外生活的重要時刻。事實上，熱愛職涯指的可能是做兼職工作、回學校念書，或搬到更靠近家人的地方。重要的是：當你回顧一生時，能對自己的抉擇感到慶幸。

——莎麗・哈葛姿黑德《不被工作困住的100個方法》

若想要感覺安全無虞，去做本來就會做的事；若想要真正成長，那就要挑戰能力的極限，也就是暫時地失去安全感。所以，當你不能確定自己在做什麼時，起碼要知道，你正在成長。

——馬克吐溫

你的工作將占據你的大部分生活，而真正能讓自己滿足的唯一辦法就是做你自己認為偉大的工作。而做偉大的工作的唯一途徑，就是熱愛自己所從事的工作。如果你還沒找到自己喜歡做的事情，請繼續尋找，絕不要放棄。

——賈伯斯 2005年史丹佛大學演講文

暢銷名著《從A到A+》的作者科林斯，建議讀者問自己三個問題：

．你對那些事情最具熱情？

．你覺得自己在本質上適合做那些事？

．從經濟層面來看，你可以靠什麼維生？

如果你自己的日常生活有50%時間的活動，都無法歸入上述三個領域，那麼你就應該擬出一份「不再做」清單。

——卡曼・蓋洛《揭密 透視賈伯斯驚奇的創新秘訣》

找到喜歡的事物，就能引導你走向未來。

——堀川波《我好喜歡有力量的自己》

「這是你的手帖。這裡將寫下各種事情。這其中不知道哪一點，也許對你今天的生活就會立馬發生作用。然而至少這其中的一兩點，即便在現在不能立馬有影響，但是慢慢積累，有一天終會改變你的生活。像是這樣的，就是你的手帖」。

——花森安治《生活手帖》

CHAPTER 3

多肉旅行

東京&近郊園藝店

東京 自由之丘Flower Plants Café

地址：東京都目黑區自由之丘2-15-10

交通：搭東急東橫線到自由之丘站，從正面剪票口出站再步行。參考官網有詳細地圖

營業：平日10：00至18：00．週六＆週日11：00至17：00

休日：不定期

官網：http://flowerplantscafe.com/

　　我總是和朋友說，如果你很喜歡花草及雜貨，到東京旅行一定要排入自由之丘，而且，不管你行前作了多少功課，第一次去一定還是會迷路！有意思的是，迷路之後可以看到更多不一樣的風景。

　　記得我第一次到自由之丘，就是因為迷路，讓我巧遇這家躲在巷弄裡的多肉植物手作教室，進而開啟我和多肉組盆的緣分。

　　值得一提的是，不管是居家雜貨店、服飾店，甚至是百元商店，店內店外都充滿花草的布置，也多有園藝雜貨的販售，而且這樣綠意盎然的店，在自由之丘這一帶很密集。所以，建議可以先安排一個周末，到Flower Plants Café 嘗試多肉組盆手作；行程不趕的朋友，可再多一個平日半天慢慢尋寶。

　　這一站也有許多日本雜誌推薦的園藝店或雜貨店，比如IDÉE的園藝用品區，店門口有個大大的花灑當作招牌的Buriki no Zygo，以及擅長古董園藝庭院設計的BROCANTE，都是園藝迷值得探訪的名店。

埼玉 黑田園藝

地址：埼玉県さいたま市中央区円阿弥1-3-9
交通：搭JR線到大宮站轉公車或搭計程車即達
營業：9：00至18：30
定休日：無
官網：http://florakurodaengei.com/

　　成立於1970年的黑田園藝，不論是店裡的雜貨風布置，或戶外園藝的造景，甚至是散布於園子各處的各種花草，觸目可及的每個角落都是美好的花園景致，在這裡，不論你是雜貨控、多肉控，還是跟我一樣什麼都喜歡的園藝控，一定都能找到自己喜愛的角落，細細的品味，流連忘返。

　　即便它位於東京近郊，搭車要一段時間，但每次造訪都有不一樣的感受，是東京旅行必來的一站。而且，最好和我一樣將隨身行李清空，這樣才能盡情採買喜愛的各式雜貨及花器。

千葉 **季色**

地址：千葉県浦安市東野 2-5-29
交通：搭JR線到新浦安轉搭計程車即達
營業：請事先查閱網頁
定休日：請事先查閱網頁
官網：http://www.tokiiro.com

　　季色離東京迪士尼很近，是坐落在千葉浦安的住宅區，一棟雅緻的白色建築，也是近藤夫妻倆的住家兼店面。除了販售多肉植物，季色也有個溫馨的咖啡館 S Café，因為季色常有許多外地的參展活動，前次拜訪近藤夫婦時，看到S Café在店門口寫上一個月只營業四天的公告，同為開店的我和近藤先生相視而笑，來季色能喝到咖啡真的是太幸運了！

　　季色工作坊經營多元化，除了是多肉組盆販售店鋪，也會不定期舉辦市集，建議朋友安排旅行前，可以先透過季色官方網頁或Instagram事先了解他們的活動行程，以便規劃前往。

東京 Go Green Market TOKYO

官網：http://go-greenmarket.blogspot.tw/

　　有別於日本其他有名的市集，2010年開始的 Go Green Market（以下簡稱為GGM），它們主張Re-USE（再利用）、Re_DUCE（輕減）以及Re-CYCLE（資源再生）的宗旨，集結有著相同理念的店家，在此展售自己經過巧思設計的商品。

　　這個溫柔善待地球的綠色市集，展售品大多都會與自然花草樹木與物品再利用的主題有關，這對於喜歡花草與手作的我來説，無疑是最棒的市集的觀摩及體驗。

　　除了在東京，GGM也會在名古屋舉辦，兩處的市集地點都是很棒的大型花園，參展的店家攤位散布於花園的各個角落，他們也將布置自然地融入公園的自然風景裡。在這樣綠意盎然的市集裡，一邊觀賞店家們巧手設計的商品，一邊欣賞公園美麗的花草，真是自在愜意！

　　參訪東京GGM之後，我已開始盤算著下一趟也要去名古屋GGM，就知道我有多喜歡這個綠意盎然的市集了！

官網：http://go-greenmarket.blogspot.tw/

東京蚤の市

官網：http://tokyonominoichi.com/

　　每年在東京京王閣競輪場舉辦兩次，由超過200間以上的古道具、古書店、花店、古著店及咖啡店，餐車所集合成的大型跳蚤市集。

　　近幾次的市集，以北歐為主題的特色店家也開始自成一區，叫做東京北歐市。市集當天也有許多攤位安排現場的手作體驗課程，提供給民眾當場報名。例如在木作材料攤位常見有簡易的木工DIY，也有編織體驗，花藝組盆等。如果逛累了還可以到咖啡車及餐車區，買好飲料和點心找個地方坐下來，觀賞現場的歌手或街頭藝人的表演。

　　我的經驗是，最好安排在市集第一天到此逛逛，免得有些物美價廉的物件提早被採購一空，而有遺珠之憾！

代官山蚤の市

Facebook搜尋：代官山 蚤の市

　　每年在代官山蔦屋書店區舉辦兩次，為期兩天的古董市集，雖然規模及參展的攤位數不能和東京蚤の市相提並論，但這裡有個特別之處，很多店家將他們的特色貨車直接當作布置的元素，大型的骨董、鐵件或大木梯不一定會搬下車，訪客也能逛的津津有味。

　　其中不乏庭園古董花器鐵件，及有名的特色花店，如果旅程上無法安排一整天去擠東京蚤の市，倒是可以安排半天，到此稍稍感受一下逛骨董市集的樂趣，接著還可以到蔦屋書店用餐，消磨一個下午。

大阪的園藝 & 多肉店

大阪 L'Isle-Sur-la-Ring

地址：大阪府岸和田市箕土路町 2-256-1
交通資訊：JR「久米田」站步行15分鐘
網址：http://blog.drecom.jp/greenlife
公休日：星期二
營業時間：10：00至18：00（1至2月10:00至17:00）

　　很曾在雜誌上看過介紹L'Isle-Sur-la-Ring南法風格的布置氛圍，當時我就被深深吸引，於是這趟旅程中我特別安排了一天，來探訪這美麗的花園。

　　從大阪市區搭JR約一小時的車程，再跟著導航沿著鄉間小路慢慢散步，終於來到了L'Isle-Sur-la-Ring。「哇！」內心忍不住發出叫聲，僅僅站在花園拱門前橄欖樹下，已感覺自己不只來到一個花草園藝店，更像是有著法式磚牆、屋瓦、鑄鐵窗、Antique雜貨與花草自然融合的美麗莊園。

　　穿過滿布當季花草盆栽的庭園，主建築物的一樓是花店，販售著花藝作品及雜貨，二樓則展售大型的植栽及古董雜貨。店裡的陳設及空間裝潢，處處都是風景，值得細細品味。

　　夏天來到大阪，烈日也彷彿台灣一般，幾乎會把多肉植物都給曬傷！屋外的廊下及半日照的牆邊，便是多肉植物及仙人掌最佳的生長區及展售空間，鐵架及木頭層板上，健康的多肉與仙人掌搭配著各式的盆器，變成一個個隨手就能帶走的溫暖禮物。

　　「我想和台灣的朋友介紹這間店！」和花園主人說明來意之後，我在園子裡，花草錯落的小徑及窗邊，捕捉讓人心動的自然景致。心裡想著，如果有機會，一定還要再來拜訪！

大阪 SPOONBILL 天王寺

地址：大阪府大阪市天王寺区茶臼山町 5-55
交通資訊：JR「天王寺」站公園口步行5分鐘
網址：http://www.spoon-bill.jp/tennoji/
公休日：無
營業時間：10：00至21：00

　　旅行的時候，我習慣會在下榻的飯店附近找間咖啡館，靜下心來規劃每天的行程，而隱身在繁華的天王寺JR車站旁的SPOONBILL，就是愛花草成痴的我的最佳選擇了！

　　怎麼說呢？因為它不僅提供咖啡、甜點、輕食，還是一間集合了花店、雜貨、服飾的複合式園藝店，而且營業到晚上9點，讓外地旅人在結束白天的行程後，晚上還能在都市裡的小花園舒緩一下疲憊的身心。

以原木及綠色植物為布置主軸的空間，樸實粗曠的大木桌搭配工業風的椅子，隨意散落在每個花草環繞的角落。點杯飲料及甜點，找個喜歡的座位坐下來，享受自在的氛圍。最好是三兩好友一同前往，還可以趁著用餐的空檔，輪流到花店與雜貨區四處逛逛及採買。

除了販售新鮮花材和當季乾燥花的美麗花店，也有充滿自然綠意的自然風格園藝店，還穿插擺放著舒適的服飾及家飾品。說真的，置身在這神奇的空間裡，有時候還真忘了自己是來喝咖啡的呢！

值得一提的是，這間SPOONBILL戶外緊鄰著天王寺公園的大草地，傍晚時也可以選擇戶外露天座位，同時欣賞戶外的綠意，及傍晚華燈初上的都市美景。

大阪 Junk-style. Beedama

地址：大阪府吹田市寿町1-4-8

交通資訊：JR「吹田」站步行約9分鐘

網址：http://www.beedama.com/

營業時間：不定期。拜訪園子前，請先瀏覽網頁裡的
活動資訊

　　喜歡自己動手作，還有樸實仿舊風格的朋友，對於Beedama園子出品的
創作絕對不陌生，怎麼說呢？只要在網路上搜尋「Junk Style Beedama」這
幾個關鍵字，一定會看到許多經常流傳的多肉組盆圖片，從罐頭的改造、仿
舊風的木作花器到園主開到市集的移動販售花車，都精彩絕倫。

　　到大阪旅行時，雖然我將Beedama列入拜訪的行程之一，但因為不確定
營業時間，在前往途中也沒有太大的把握。直到拜訪當天，看見了掛滿花器
的營業中店面，真的感到很雀躍開心！等不及和園主說明來意，相機也還沒
拿出來，就以雙眼在園子裡慢慢遊逛並用心欣賞。這天，園子裡也有舉辦課
程，園主正在教學員運用保麗龍板製作花器，可惜我待的時間不夠，不然真
的很想報名上課！

園子裡Junk Style的元素無所不在，舉凡大面積的牆、展示櫃、掛飾，到盛裝多肉植物苗的木箱，都可看見仿舊風格的創意揮灑。喜歡Beedama作品的朋友，如果有機會，一定要追蹤一下園主的市集活動，因為他的展場布置也很精彩，非常值得一學喔！

大阪 LOBELIA

地址：大阪府堺市南区和田４２（泉北２号線沿）

交通資訊：JR「津久野」站 搭計程車

網址：http://blog.livedoor.jp/fslobelia/

營業時間：AM10:00至PM6:00

　　　　　（1至2月營業到PM5:00）

公休日：星期二（4、5、6、10、11、12月每日營業）

「還有沒有想去哪一間花園呢？」拜訪完L'Isle-Sur-la-Ring，知道我喜歡多肉植物的園主，推薦我一定要到他好朋友的花園！於是，我的多肉植物園名單中意外地多出了LOBELIA，充滿了雜貨資材，有許多庭園造景，還開設了多肉植物教學。

擅用矮牆及空間的區隔，讓走在LOBELIA的花園裡，感覺不同一般，彷彿像走在迷宮中，又像是在尋寶，明明才剛經過幽靜的蓮花小水池，怎麼繞了一下，就跑到矮牆另一邊的仙人掌區，抬頭一看，門口的舊倉庫只是在樹的另一邊，就這樣在園子裡繞來繞去，穿梭於每個獨特的花草空間，真的很有意思！

靠近吧檯且面積最大的一區，就是多肉植物的販售區，我看到豐富的多肉植物整齊地擺放及展售，也規劃了組盆教學專區。拜訪的這天是平日，店家正細心地整理多肉植物，這也讓我體會到，原來整齊清爽的花園的背後，是需要辛勤付出的。

參觀了LOBELIA門口法式風格的矮牆及磚瓦設計之後，也讓我有了一些想法，開始想運用珪藻土將店裡一些角落再重新改造及布置了！

大阪 the Farm UNIVERSAL

地址 大阪府茨木市佐保193-2

交通資訊：

1. 可在JR「茨木」站，轉搭阪急巴士81號「馬場」下車

2. 大阪單軌電車「彩都西」站，搭巴士或走路

（巴士23號「馬場」下車，走路約20分鐘）

網址：http://the-farm.jp/osaka/

　　對於一直走逛園藝雜貨小店的人來說，the Farm絕對是一個讓我會想要將園藝夢想變大的神奇農場。因為，在這裡空間和氛圍，都是我心中美好小店的放大版。這農場有太多值得學習的經營理念，讓人很希望有朝一日，自己有能力打造出這樣一個極為療癒的綠色農場。

　　The Farm園子裡有座獨特的白色樹屋，據說和廣尾站有名的樹屋咖啡花店有姊妹關係，樹屋旁立著一個充滿手作感的農場地圖，讓旅客可以循著地圖裡，每個木造小屋的位置，找到想去的景點與賣場。比如說爸爸可陪著小朋友在天然木打造的兒童遊戲區玩耍，讓媽媽可以放心地買花；若是中午時

間，全家就可以在南法風的餐廳Farmer's Kitchen享用餐點，要是孩子也喜歡花花草草，那這裡真的可以讓全家消磨一整天呢！

　　園區裡有不少大型的多肉組盆及造景布置，店家也很擅長運用木頭層架，堆疊得宜便是很好的展示架。此外，也可以製造出半日照的空間，讓一些怕曬的多肉植物可稍微避暑一下。龍血、三色葉、萬年草類的景天植物，在夏日的陽光強照下，每一盆的色澤都很鮮豔且植株極為健康。

　　一整天逛下來，一定要到Farmer's Kitchen享用花園裡的下午茶，自然且明亮的南法風布置讓人極為欣賞，而美味的餐點，無限量供應的萊姆冰水，及門口結實纍纍的翠綠色葡萄，更是讓人難忘！

京都手作市集

京都 百萬遍手作市集

FB：百萬遍手作市集
官方網址：http://www.tedukuri-ichi.com/

如果你也是喜歡手作的朋友，有機會到京都旅行時，在知恩寺舉辦的百萬遍手作市集，絕對是不可錯過的行程，因為它算是京都規模較大的市集，參展的手作品項豐富，每次大約有400至450家攤商，每個月15號固定舉行。再來就是主辦單位是以抽籤的方式決定參加的攤位，比較容易看到不一樣的手作品。

因為是在知恩寺舉辦，逛市集的人潮裡，不只年輕人，連婆婆媽媽也很多，跟著大家慢慢的一攤攤逛，有時遇到攤位上人擠人時，手腳也要快一點，才能搶到喜歡的手作品。在這裡逛市集，感覺有點像是在參加熱鬧的廟會，很有意思！

和花草有關的陶器、花藝、玻璃、木作雜貨……散布在整個市集裡，價格也算合理，只要500至1000日圓（約台幣150至300元）就可以買到不錯的手作品。時間上可以安排充裕一點，才能慢慢地挖寶，如果遇到心儀的作品，買完後還可以稍微和店家聊一下，有機會互相加一下FB好友，網路無國界，日後還可以分享彼此的作品喔！

京都 森林手作市集

官方網址：http://monocro.info/moritedu/inde×.html

　　京都的市集很多，幾乎每個假日都有舉辦，因此我在行前的規劃上，只安排了百萬遍手作市集，心想：如果還有閒情逸致，還待在日本的假日，還能再隨意安排其他市集。而第一次到京都旅行的我，就能遇到在下鴨神社舉辦的森林手作市集，深深覺得實在是太幸運了！

　　下鴨神社是京都著名的古寺，也是日本重要的文化遺址，神社周圍是千年的森林糺之森。每季才一次，且不定期的森林手作市集，竟能在這神祕蓊鬱如

宮崎駿筆下，龍貓出沒的森林裡舉行，即便規模不大（大約200攤），但整個市集給人的感覺，反而有別於其他市集的匆忙，逛起來很自在，而且觸目可及都是一幅幅美麗的森林風情畫。

　　手作攤位以五彩繽紛的帳篷搭建，整齊的排成兩行，逛市集的旅客可以不疾不徐地一攤攤慢慢逛去。也穿插安排許多餐車，還有森林裡的用餐區及音樂表演區，讓大家可以稍事休息一下，一邊用餐一邊欣賞著素人歌手的彈唱。

　　這幾年我逛了不少市集，我發現在市集裡除了可以挖掘參展創作者的商品，及啟發創作的靈感之外，市集環境的氛圍、餐車美味的餐點，也是市集不可或缺的元素。我真心覺得，這個市集有它的過人之處，也讓我打定主意，秋天楓紅時我一定要再訪！

東京花旅行

花+雜貨 fleuriste PETIT á PETIT

fleuriste PETIT á PETIT
地址／東京都世田谷区駒沢3-27-2
交通方式／田園都市線 桜新町車站，步行7分鐘
網站／http://www.petit-fleuriste.com

　　如果愛花的朋友要在春天到東京賞櫻，我會推薦大家去拜訪fleuriste PETIT á PETIT，這是一家門前整條路滿是櫻花盛開的美麗花店，當你在門口買花時，很可能還會有櫻花花瓣掉落到身上呢！花店主人新井小姐非常親切，記得我有次想買鮮花回飯店，她還特別以手機的中日文翻譯軟體，詢問我：「這些鮮花你能帶上飛機嗎？」於是，我便改買一些玻璃瓶罐和雜貨，就在結帳完要離開時，她送了一朵玫瑰花給我，雖然語言不通，卻讓我感受到這花店的溫度。此外，店門口的花草及雜貨的精巧布置，店裡的鮮花與櫥窗的擺設，都是我很喜愛的風格，是個很生活、自然又帶點Zakka風的街角花店！

花店+雜貨 Fleurage ᵘⁿ

Fleurageᵘⁿ新宿本店
地址／東京都新宿区新宿3-38-2　LUMINE2百貨1F
交通方式／新宿車站南出口
網站／http://www.fleurage-un.jp/

　　記得有一年，我在東京新宿車站轉車時，就在行人來去匆匆的車站裡，突然被這家布置得很有日雜風情的花店所深深吸引。Fleurageᵘⁿ 新宿店的商品有著濃濃的雜貨感，例如以琺瑯杯裝著當季花草盆栽，或可以在店裡買到日本園藝雜誌上最新的雜貨，而店裡的花束及不凋花小品也很精緻。因此，每次到東京我都會特意在新宿站下車，看看店裡有什麼新奇的花草，隨手買一個當季最新款的乾燥花環，或帶走一只小花器。要提醒大家的是，新宿車站裡有許多花店，Fleurageᵘⁿ 是在車站南出口的右手邊，不要迷路了喔！

花店+茶館 Aoyama Flower Market Tea House

Aoyama Flower Market Tea House南青山本店
地址／東京都港區南青山5-1-2
交通方式／表參道車站A4出口附近

Aoyama Flower Market Tea House Atre吉祥寺店
地址／武蔵野市吉祥寺南町1-1-24
交通方式／吉祥寺車站裡・Atre百貨地下1樓
網站／http://www.afm-teahouse.com

　　想要在充滿綠意的花園溫室裡喝下午茶，不用到郊外的農場，只要搭地鐵到表參道或吉祥寺，走幾步路就可以來到AOYAMA Flower Market附設的TEA House了！茶館裡有座爬滿綠色植物的溫室，還沒點餐，這樣的空間就讓人覺得好放鬆。不僅如此，店裡各個角落、甚至每張用餐的桌子，都有著將花瓶或試管鑲在桌上的裝飾；店家還會特意以同一種新鮮的花材，主題性地布滿整個茶館，並細心地在牆上黑板寫著花材的介紹。今年造訪時，桌上便滿是藍紫色的香豌豆花，而這一個午後，我不一定記得自己點了什麼茶，卻永遠會記得姿態優雅的香豌豆花。

花店+雜貨 COUNTRY HARVEST

COUNTRY HARVEST
地址／東京都港區南青山3-13-13
交通方式／表參道車站A4出口，步行2分鐘
網站／http://www.countryharvest.co.jp/

　　如果來到了**TEA House**的南青山本店，在餐後建議可以慢慢散步到鄰近的
COUNTRY HARVEST，它是一間位在巷弄轉角，讓人驚豔的花店！怎麼說呢？
花店門口採用黃色及綠色的鮮明搭配，加上店裡陽光灑落的明亮窗台，讓人彷彿
置身在歐洲的花草小木屋中。店裡店外都有許多像明信片風景般的小角落，讓人
忍不住多看幾眼！店主人深野俊幸是一位資深花藝家，他的作品也經常出現在許
多日本雜誌上，而圖片中的他總是穿著一件夏威夷花襯衫，讓人覺得很有趣。
店門口花叢裡隨意掛著的鳥籠，花園旁舊舊的木椅，還有簡單寫著花藝課程的立
牌，都是我很喜歡的花店風景。

附錄

Claire最喜歡的多肉植物圖鑑

被子植物Angiospermae > Crassulaceae景天科

錦晃星
學名：Echeveria pulvinata
擬石蓮屬

桃太郎
學名：Echeveria cv.Momotarou
擬石蓮屬

初戀
學名：Echeveria cv.Huthspinke
擬石蓮屬

熊童子
學名：Cotyledon tomentosa
銀波錦屬

銀之鈴
學名：Cotyledon pendens van Jaarsv.
銀波錦屬

月兔耳

學名：Kalanchoe tomentosa

伽藍菜屬

小水刀

學名：Crassula atropurpurea
var. watermeyeri

青鎖龍屬

虹之玉錦

學名：Sedum rubrotinctum 'Aurora'

景天屬

三色葉

學名：Sedum spurium 'Tricolor'

景天屬

圓葉覆輪萬年草

學名：Sedum makinoi 'Variegata'

景天屬

| 自然綠生活 | 17

A life with Succulent plants・
在 11F-2 的小花園玩多肉的 365 日：
多肉植物組盆示範&風格雜貨改造 DIY × 日本手作市集&園
藝店踩踏實錄 × 創業歷程甘苦開心談

作　　　者／邱怡甄（Claire）
發 行 人／詹慶和
總 編 輯／蔡麗玲
執 行 編 輯／劉蕙寧
編　　　輯／蔡毓玲・黃璟安・陳姿伶・李佳穎・李宛真
執 行 美 編／周盈汝
美 術 編 輯／陳麗娜・韓欣恬
攝　　　影／數位美學賴光煜
插　　　畫／Claire・宋思慧
出 版 者／噴泉文化館
發 行 者／悅智文化事業有限公司
郵政劃撥帳號／19452608
戶　　　名／悅智文化事業有限公司
地　　　址／新北市板橋區板新路 206 號 3 樓
電 子 信 箱／elegant.books@msa.hinet.net
電　　　話／(02)8952-4078
傳　　　真／(02)8952-4084

2017 年 10 月初版一刷　定價 420 元

經銷／高見文化行銷股份有限公司
地址／新北市樹林區佳園路二段 70-1 號
電話／0800-055-365　　傳真／(02)2668-6220

版權所有・翻印必究（未經同意，不得將本書之全部或部分內容使用刊載）
本書如有缺頁，請寄回本公司更換

國家圖書館出版品預行編目 (CIP) 資料

A life with Succulent plants・在 11F-2 的小花園玩
多肉的 365 日：多肉植物組盆示範&風格雜貨改
造 DIY × 日本手作市集&園藝店踩踏實錄 × 創
業歷程甘苦開心談 / Claire 著 .
  -- 初版 . -- 新北市：噴泉文化, 2017.10
　面；　公分 . -- (自然綠生活 ; 17)
ISBN 978-986-95290-3-7 (平裝)

1. 仙人掌目　2. 栽培
435.48　　　　　　　　　　　　　106016678

A LIFE
WITH
SUCCULENT
PLANTS

A LIFE
WITH
SUCCULENT
PLANTS